Altes Handwerk Vom Verschwinden der Arbeit

ALTES HANDWERK

VOM VERSCHWINDEN DER ARBEIT

Herausgegeben und
kommentiert
von Michaela Vieser

In Zusammenarbeit
mit der bpk – Bildagentur

b p k

BRAUS

Willy Römer, *Ein künftiger Hoteldirektor*, Berlin 1930

Willy Römer, *Der Stift vom Hotel Excelsior*, Berlin 1928

Willy Römer, *Der angehende Bankdirektor,* Berlin 1927

INHALT

ARBEITSWELTEN

Man muß die Erleichterung der Arbeit nicht zu teuer kaufen.
Nietzsche

»Was willst Du werden – Bilder aus dem Handwerkerleben«, unter diesem Titel erschien 1880 ein Kinderbuch beim Berliner Verlag Winckelmann & Söhne. Darin abgebildet sind zwölf klassische Handwerksberufe: Klempner, Korbmacher, Maurer, Böttcher, Buchbinder etc. Für jeden der Berufe wurde eine bunte Illustration angefertigt. Der Text beschränkte sich auf die Benennung des jeweiligen Berufs, das allerdings in drei Sprachen: so zum Beispiel der Klempner, französisch *le ferblantier* und englisch *the Tin-man*. Die Macher des Buches gingen davon aus, dass sich in allen drei Nationen die Werkstätten ähnelten, also in Auswahl des Werkzeugs, Arbeitsumfeld und Aufgabengebiet.

Der Illustrator beobachtete und dokumentierte einen Arbeitsalltag im jeweiligen Handwerksberuf. So wärmt in der Werkstatt des Klempners ein schmiedeeiserner Ofen, auf einem Tisch steht ein kupferner Teekessel und an der Wand hängt ein Kasten mit dem Werkzeug. In der geöffneten Tür steht die Frau des Klempners, in der Werkstatt sitzen drei Gesellen unterschiedlichen Alters in die Arbeit vertieft. Der Illustrator bezieht sich aber nicht nur auf die unmittelbaren, dem Klempnerhandwerk zuzuordnenden Gegenstände und Tätigkeitsfelder. Er zeichnet auch einen Vogelkäfig über dem Fenster, weil er einen solchen, so ist anzunehmen, öfter in einer Werkstatt gesehen hat: Man kann sich gut vorstellen, wie ein munterer Singvogel den Arbeitsalltag mit seinem Trällern versüßte und immer wieder zu kurzen Gesprächen im kleinen sozialen Kreis der Handwerker anregte.

Es wird in England und Frankreich nicht anders gewesen sein.

Der englische Klassiker »The Wheelwright´s Shop« (Des Wagners Werkstatt) von 1923 beschreibt, wie der Autor, George Sturt, die Wagnerwerkstatt seines Vaters übernimmt und welche Erfahrungen er dabei sammelte. Auch wenn in England manche Dinge anders gehandhabt werden, hätte Sturt als deutscher Wagner in seinem Beruf vieles ganz ähnlich erleben können. Seine Tätigkeit, die Arbeit seiner Hände, wäre dieselbe geblieben. Aber auch der moralische Anspruch, von der durch die tägliche Praxis erworbenen Fertigkeit seinen Lebensunterhalt zu bestreiten, ist kulturübergreifend. Der Filmregisseur Lars von Trier, einer der Begründer der Dogma-Bewegung, gab einmal an, es gäbe acht Themen, über die man mit jedem Fremden ein Gespräch beginnen könne, egal aus welchen Kulturkreis er stamme. Neben Liebe, Tod und Gesundheit nannte er auch die Arbeit.

Der Klempner / le ferblantier / the Tin-man, Abbildung aus dem Kinderbuch »Was willst Du werden – Bilder aus dem Handwerkerleben«, Winckelmann & Söhne, Berlin 1880

Und so manifestiert selbst das einfache Kinderbuch »Was willst Du werden«: Handwerksarbeit ist etwas Universales, Grenzüberschreitendes. Handwerker bilden das Rückgrat der Gesellschaft, ob in Deutschland, England oder Frankreich.

Bereits Homer dichtete eine Hymne an Hephaistos, den Schutzgott der Handwerker.

Muse mit heller Stimme ! Hephaistos, den ruhmvollen Denker
preise im Lied! Mit Athene, der eulenäugigen Göttin,
lehrte er herrliche Werke die Menschen auf Erden, die früher
hausten wie Tiere in Höhlen der Berge. Doch jetzt in der Lehre
jenes ruhmreichen Künstlers Hephaistos lernten sie schaffen
bringen sie leicht ihre Zeit dahin bis zum Ende des Jahres,
leben in Ruhe und Frieden in ihren eigenen Häusern.

Homer benutzte das Wort *demioergos*, das sich aus *demios* – »öffentlich« – und *ergon* – »produktiv« – zusammensetzt. Die *demioergis* der Griechen waren im Übrigen nicht nur Handwerker, sondern alle Arbeitenden, die zwischen den Aristokraten und den Sklaven standen: also »Töpfer, Ärzte, niedere Beamte, Berufssänger und Ausrufer.«[1] In seinem Loblied dankt Homer Hephaistos dafür, die Menschen durch das Handwerk, bzw. die Arbeit, aus der Isolation in die Gemeinschaft geführt zu haben. Die Zivilisation wäre ohne die Beschäftigung der Menschen, den Anspruch »tätig« zu sein, so nicht vorstellbar.

Im Archiv der bpk findet sich auch die Fotografie eines Klempners. Sie wurde 1925 von einem gewissen Krauß aufgenommen, der unbekannt blieb, aus dem einfachen Grund, weil zu diesem Zeitpunkt die meisten Fotografen eben auch »nur« Handwerker und folglich ihre Werke urheberrechtlich nicht geschützt waren. Man sieht dem Bild an, dass es dem Fotografen einiges an technischem Können abverlangte, unter den gegebenen Lichtverhältnissen das Motiv scharf einzufangen. Vergleicht man aber die Fotografie mit der Illustration aus dem Kinderbuch, wird klar: Die Werkstatt des Klempners hat sich nicht sehr verändert. Auf dem Foto sitzt der in die Jahre gekommene Klempner, zusammen mit seiner Frau, die in eine Klöppel-Arbeit vertieft ist, am Tisch, auf dem Ofen steht ein Behälter mit heißem Wasser, die Werkzeuge liegen im Raum verteilt. Es liegt etwas Heimeliges, Beruhigendes in diesem unaufgeregten Bild (S. 64–65).

Es gibt auch noch ältere Abbildungen von Klempnerwerkstätten, wie der aus dem Jahr 1788 stammende Kupferstich von Ambrosius Gabler, und schon hier ist alles vorhanden, was wir später unverändert in der Illustration im Kinderbuch oder auf der Fotografie wiederfinden: die Werkstatt, die Frau, die Werkzeuge, die Vertiefung in die Arbeit.

Heute sieht eine Klempnerwerkstatt ganz anders aus. Die Arbeitswelt dieses Berufsstands hat sich verändert, weil sich die Welt um ihn herum verändert hat.

Kupferstecher, Illustrator und Fotograf: In den hier angeführten Beispielen stehen sie in der Pflicht, zu dokumentieren. Wir sind als Betrachter beim Kupferstecher und Illustrator auf deren Beobachtungsgabe angewiesen – wir freuen uns, wenn sie solch kleine Details wie den Vogelkäfig einfangen, weil es uns hilft, etwas mehr von der Stimmung des Arbeitsalltags nachzuempfinden. Doch bleiben es Abbildungen, die nur bedingt lebendig wirken. Beim Fotografen kommt eine weitere Komponente dazu: Er kann ein Bild nachstellen, doch kann er die Dinge an sich nicht ändern, er kann nur ablichten, was er vorfindet. Alles ist oder war wahrhaftig. Und so erlaubt die Fotografie dem Betrachter hineinzureisen: in das Bild, in seine Entstehungszeit, in die Situation, in der es entstand, vielleicht sogar in die Stimmung und dabei selbst zu entscheiden, welche Details ihn interessieren. Oft sind es die kleinen Dinge auf einem Bild, einer Komposition, die mehr erzählen, und so lohnt es sich, in den Fotos zu verweilen. Es sind Dinge, die ein Illustrator kaum in der Lage ist, abzubilden, weil er die Wirklichkeit nur bedingt einfangen kann. Welcher Illustrator hätte sich die Mühe gemacht, den Staub auf den Schuhen der Arbeiter zu zeichnen, der im Archiv der bpk auf den Glasplatten von Willy

Der Klempner, Spengler oder Flaschner, Kupferstich von Ambrosius Gabler [1762 – 1834], 1788

Römer noch heute deutlich zu sehen ist? Der fotografisch dokumentierte Staub hat die Zeit überdauert.

Aber es sind auch Dinge wie die Katze, die Roland Bauer beim Besuch in der Schuhmacherwerkstatt auffällt, und der er eine ganze Reihe von Bildern widmet (S. 10–11). Sie hat nur bedingt etwas mit der Arbeit des Schuhmachers zu tun, aber sie gehörte fest zum Leben in der Werkstatt und erzählt uns etwas über den Alltag darin.

Roland Bauers Bilder in diesem Band sind die jüngsten. Er nahm sie in den 80er Jahren des letzten Jahrhunderts auf, als er in den abgelegenen Teilen Bayerns und Baden-Württembergs Menschen aufsuchte, die ihre Arbeit so wie ihre Vorgänger vor 100 oder 200 oder 500 Jahren tätigten. Er fand so etwas wie Zufriedenheit mit ihrer Tätigkeit in ihnen:

». . .im Reinen mit sich / und mutmaßlich Gott / und der Welt / kein Neid, kein Hadern, mit niemand / keine Klage wie ihre Gesichter eindeutig besagen / Prägungen / wie auch die ihrer Hände / mit einer Disziplin, einer Haltung, die unwiderruflich verloren gehen / in diesem Teil der Welt«[2]

Bauers Bilder, ebenso wie alle anderen Bilder in diesem Band, spiegeln einen Arbeitsalltag wider, in dem selbst die Maschinen noch Handarbeit waren.

Heinrich Hinz, Elektro-Maschinen-Bauer – Schablonenwickeln für einen Gleichstrommotor: Auch das Anfertigen von Maschinen war einmal Handarbeit, Flensburg 1925

Da ist zum Beispiel die Serie von Ernst Gränert »Wie ein Fußball entsteht«. Sie wurde 1931 aufgenommen, als Fußball sich als deutscher Sport etabliert hatte. Wahrscheinlich war es eine Auftragsarbeit des Pressefotografen für eine der damals in Mode gekommenen Illustrierten, darzustellen, wie Schritt für Schritt aus einem Fetzen Leder ein fester Ball wird. Heute müsste man dazu eine Fabrik in China besuchen.

Die Bilder der Automaten- und Schnellwaagenfabrik (S.74) zeigen die Fertigung von Automaten, deren Aufgabengebiete so phantasievoll und vielfältig waren, dass man die Faszination, die damals von solchen Geräten ausging, förmlich spürt. Römer betitelte eines seiner Bilder mit »Betriebsfertige eiserne Verkäufer für Zigaretten, Rollfilme, Briefpapier, Schallplatten, Trinkbecher.« Die ganze Serie entstand, so Römers Beschriftung auf einem der Fotos, weil: »Durch das neue Automatengesetz ist dem Ladeninhaber in Deutschland nunmehr nach Ladenschluss der Verkauf seiner Waren durch Waren-Automaten gestattet. Die rohen Blechgehäuse werden geschweißt.«.

Die Bilder der weiblichen Bankangestellten von Abisag Tüllmann (S.79), die noch per Hand das Geld zählen und auf eine Waage legen, wirken heute schon fast belustigend. Man kann sich kaum mehr daran erinnern, wie das war, als man alles noch bar bezahlte, ohne Karte. Die Frauen wirken konzentriert und man sieht ihnen die Identifikation mit ihrem Beruf an: Sie haben sich die Haare zurechtgemacht und tragen moderne Kleidung.

In den Archiven der bpk findet sich eine ganze Reihe von Bildern, die Frauen bei der Arbeit zeigen. Aufwühlend daran ist, dass auf vielen dieser Zeitzeugnisse die Frauen schwere körperliche Arbeit verrichten: Bäuerinnen mit der Schaufel über der Schulter, die Schifferfrau, die Bauschutt auf den Kahn ihres Mannes hebt, die Sachsengängerinnen, die Wäscherinnen, sie alle mühten sich zum größten Teil ohne technische Hilfsmittel ab. Erst durch das Bedienen von Telekommunikationsmaschinen kamen die Frauen der Gleichberechtigung einen Schritt näher. Zum ersten Mal konnte eine junge Dame einen »sauberen« und gut bezahlten Beruf ausüben und sich so eine kleine Wohnung leisten, in der sie ihr Leben führen konnte. Die Fotografin Liselotte Purper lichtete viele von ihnen ab. Sie war in den 1940er Jahren für die Presse- und Propagandaabteilung der »Reichsfrauenführung« tätig und dokumentierte den Frauenalltag im Nationalsozialismus. Die Cutterin und die Schaufensterdekorateurin (S. 91 und S. 90) fotografierte sie in den 50er Jahren, zusammen mit ihrem Mann, unter ihrem neuen Namen Orgel-Köhne.

Das Bild der Frauen bei der Weinlese von Otto Haeckel erzählt nicht nur von dem Gemeinschaftserlebnis der im Dienste Bacchus stehenden Frauen, sondern auch vom Handwerk des Fotografen selbst. Wie man an den Gewändern unschwer erkennen kann, stammt es noch aus der Kaiserzeit. Motive in Bewegung einzufangen, war damals noch eine echte Herausforderung. Otto Haeckel arbeitete zusammen mit seinem Bruder: Otto war für die Bilder, Georg für die Technik verantwortlich. Den beiden gelang es durch kurze Verschlusszeiten, eben auch schnelle Bewegungsabläufe zu fotografieren und sie gründeten eine der ersten Presse-Illustrationsfirmen.

Beim Betrachten der Bilder fragt man sich gerne, was die Motivation der Fotografen war. Die meisten der in diesem Band vorgestellten gehörten dem neuen Berufszweig der Pressefotografen an und sie werden in Eigeninitiative oder für eine Auftragsarbeit losgezogen sein, um zu dokumentieren, was die Leser der ständig wachsenden Auflagen von Illustrierten interessierte. Jeder hatte dabei seinen eigenen Stil oder Herangehensweise. Von Willy Römer ist bekannt, dass er selbst in einem Schneiderhaushalt in der heutigen Berliner Torstraße aufwuchs. Von Kindesbeinen an den Umgang mit Handwerkern gewohnt, wird er sie richtig angesprochen haben, wenn er darum bat, ein Bild zu schießen. Er verstand das Milieu und das Milieu verstand ihn. Man sieht seinen Bildern nicht nur ein besonderes Verständnis für die Komposition an, sondern auch für die Menschen.

Friedrich Seidenstücker war ein Zeit- und Berufsgenosse von Römer, der aus der Reihe fällt. Auch seinen Bildern haftet etwas Besonderes an. Er studierte zunächst Bildhauerei, etwas Maschinenbau und eben auch die Fotografie, eine ungewöhnliche Kombination, in der das Denken und Sehen in Dreidimensionalität, Funktion und Komposition geschult wurden. Er wird nicht ohne Grund »der Flaneur der Fotografen« genannt, knipste er doch viel, oft einfach nur, weil ihm ein Motiv besonders gefiel. Ob seine Sekretärin, die er in einer typischen Arbeitssituation aufnahm, die man heute Multitasking nennt, die Gepäckträger am Potsdamer Bahnhof oder das Spiel von Licht und Schatten am Beispiel des Schornsteinfegers – es sind fast immer perfekt aufgebaute Momente, die Seidenstücker entdeckte und mit der Kamera festhielt.

Die Bilder in diesem Band wirken wie Zeitreisen, die Informationen, die wir in ihnen finden, sind dicht, und es liegt am Betrachter, von Bild zu Bild zu wandern und zu sehen, wie sich ihm darin eine neue, alte Welt erschließt. Man nehme als Beispiel nur die Holzpantinen, deren Herstellung am Beginn des Buches gezeigt wird (S. 13) , mit etwas Augenmerk entdeckt man dieses mittlerweile fast ausgestorbene Schuhwerk im weiteren Verlauf auf vielen der Bilder »in Gebrauch«. Der Schiffskrämer (S. 118) verkauft sie und die Bauarbeiter (S. 137) tragen sie.

Platon benutzte für die Arbeit der Handwerker das Wort *poiein*, das von »machen« oder »herstellen« kommt. Es ist verwandt mit *Poesie.* Und so lädt dieses Buch auf eine poetische Reise ein, durch die Welt der Arbeit. Neben Werkstätten und Berufstypen gibt es darin ganz viel vom »Mensch sein« zu entdecken.

Michaela Vieser, Berlin 2013

1 Sennett, Richard: Handwerk, Berlin Verlag, Berlin 2008
2 Volk, Hartmut: »Neuauflage eines Kultbuchs«, Hohenloher Tagblatt, Ausgabe vom 5.12.2012

Der Schuhmacher Georg Keim führte in seiner Heimat Hohenlohe eine kleine Schuhmacherwerkstatt. Noch bis in die 1980er Jahre arbeitete er fast ausschließlich mit der Hand, ohne Hilfe von Maschinen. Der Fotograf Roland Bauer nahm eine ganze Serie auf von Keims Katze und den Katzenbildern an den Wänden der Werkstatt.
Roland Bauer: Schuhmacher Georg Keim, Werkstatt mit Katze, Hohenlohe 1980

DRINNEN

Was als kleine Schuhfabrik im Schwabenland begann, ist heute ein Unternehmen mit mehr als 20.000 Mitarbeitern weltweit. Als das Foto entstand, spezialisierte man sich noch auf wohlhabende Kunden in Norditalien.

Liselotte Purper: Schuhmacher mit neuen Stiefeln in der Schuhfabrik Rieker in Tuttlingen, Tuttlingen 1938

Holzpantinen, Schuhe die ganz oder zum Teil aus Holz gearbeitet sind, dienten als Arbeitsschuhe im Hüttenwesen, in Gießereien, aber auch bei Garten- oder Straßenarbeiten. Es war also nicht wichtig, dass sie hübsch aussahen, sondern dass sie die Füße des Trägers schützten. Unter dieser Voraussetzung ließen sich in der Manufaktur in relativ kurzer Zeit viele Schuhe produzieren.
Willy Römer: *Holzpantinen-Fabrikation. Auf dem Holzblock wird das Leder für die Pantinen geschnitten,* Berlin 1932

Die ersten Fußballvereine wurden in Deutschland in den 1880er Jahren gegründet. 1931 war es, trotz der Weltwirtschaftskrise, ein weitverbreiteter Sport; in ganz Deutschland gab es in diesem Jahr viele Vereinsneugründungen.
Wie beliebt Fußball war, lässt auch die Tatsache erkennen, dass der Ballsport nicht nur vom Deutschen Fußball-Bund organisiert wurde, sondern auch von kirchlichen und kommunistischen Sportgruppen.

Ernst Gränert: Bildserie
Wie ein Fußball entsteht, Fußballfabrik Otto Reichenberg,
Berlin 1931

Anfertigen von maschinengenähten Jugend-Bällen am laufenden Band

Umdrehen des von links fertig genähten 12-teiligen Fußballes

Herstellung handgenähter Fuß- und Schleuderbälle

Prüfung der fertigen Bälle auf runde Form und Verarbeitung

Der Bürsten- und Besenbinder stellte aus Tierhaaren, Pflanzenfasern und Reisig Besen, Schrubber, Staubwedel, Haarbürsten, Back- oder Malerpinsel her. Da es innerhalb eines Ortes nur einen geringen Bedarf an diesen Gebrauchsgegenständen gab, musste der Bürstenmacher auch hausieren gehen, nach dem Rhythmus: im Sommer auf der Straße, im Winter in der Werkstatt. In diesem Beruf, der vom Vater an den Sohn vererbt wurde, gab es nicht viel zu verdienen und so musste ein Zimmer als Werkstatt und Wohnstätte dienen.

Roland Bauer: Bildserie
Bürsten- und und Besenbinder
Albert Müller aus Wildenstein,
Wildenstein/Württemberg
1987

Der Korbmacher war ein klassischer Noterwerbsberuf. Neben dem Bürstenbinden war es eine der wenigen Tätigkeiten, die auch Blinde ausüben konnten. Seine Materialien, vor allem Weidenruten, bezog der Korbmacher umsonst aus der Natur. Die geflochtenen Körbe verkaufte er als Hausierer. Sie wurden zum Transport und Aufbewahren der verschiedensten Dinge verwendet, als Transportkorb für Tiere, Stubenwagen, Brot- oder Erntekorb.

Roland Bauer: Korbmacher Hermann Beierlein aus Ilshofen, bei Ilshofen/Württemberg 1982

Roland Bauer: Ein Korbmacher aus Schlichten im Schurwald,
Schurwald/ Württemberg 1987

△ Wie in einem klassischen Zunftberuf üblich, lernte der angehende Seiler auf Wanderschaft sein Handwerk bei unterschiedlichen Meistern. Er knüpfte Taue, Kordeln, Schnüre, Fäden, Halfter und Wäscheleinen aus Hanf oder Flachs.
Friedrich Seidenstücker: Seilerei in der Bergstraße in Neukölln, Drehen der Litzen, Berlin 1920er Jahre

▷ Der hier abgebildete Lehrling spleißt ein Seil, so gefertigte Seile bleiben geschmeidiger und nehmen nicht an Durchmesser zu und werden daher bei der Seefahrt verwendet.
Willy Römer: Seiler-Lehrling beim Spleißen eines Hanfseiles, 3. Reichsberufswettkampf der deutschen Jugend, Berlin 1936

◁ *Am Griff jedes Wanderstockes wird ein dünner Lederriemen angebracht.*
Spazier- und Wanderstöcke gehörten einst ebenso zur Grundausstattung des feinen Herren wie sein Hut. Um einen Stock herzustellen, waren mit Beizen, Schleifen, Fräsen und Verzieren bis zu 32 Arbeitsschritte nötig.

▷ *Der letzte Berliner Stockmacher fertigt Gesellenwanderstöcke für die Internationale Handwerks-Ausstellung an.*
Die Internationale Handwerks-Ausstellung von 1938 in Berlin wurde von der Deutschen Arbeitsfront organisiert und präsentierte in den Messehallen am Funkturm Aussteller aus 25–30 Ländern.
Willy Römer: Die fertig bearbeiteten Wanderstöcke werden gebeizt, Berlin 1938

Aus Birnbaum erstellt der Formenstecher Model, die zum Bedrucken von Stoffen oder, wie hier im Schwäbischen, für Springerle verwendet werden. Springerle sind ein vor allem im süddeutschen Raum verbreitetes Festtagsgebäck aus mit Anis gewürztem Eierschaumteig, der beim Backen auf die doppelte Höhe »aufspringt«.

Roland Bauer: Ein Formenstecher (Modelmacher für Springerle) aus Baltmannsweiler in seiner Werkstatt, Baltmannsweiler/Württemberg 1986

△ Ein Drechsler an seiner Drehbank beim Fertigen von Holzkugeln.
Willy Römer: Drechsler, Berlin 1936

▷ Holzschindeln werden seit der Antike zum Decken der Dächer verwendet. Durch das Spalten bleibt der natürliche Faserverlauf des Holzes erhalten, in gesägte Schindeln dagegen dringt wegen der aufgerissenen Fasern leicht Wasser ein. Ein guter Schindler spaltet nach Augenmaß.
Roland Bauer: Schindelmacher aus Maibach, Maibach/Württemberg um 1980

Johann

◁ Um 1680 kehrte der Mittenwalder Mathias Klotz nach Lehrjahren in Italien in seine Heimat zurück und gründete dort die erste Geigenbauschule. Die dichten Gebirgswälder lieferten das gute Holz und Mittenwald, an einer alten Römerstraße gelegen, pflegte den Handel über weite Strecken schon seit Jahrhunderten. Klotz und andere Geigenbauer verkauften ihre Instrumente nicht nur über ihren Werkstatt-Laden, sondern exportierten diese mittels eines weitverzweigten Händlernetzes auch in entfernte Gegenden. Zeitweise waren Mittenwalder Geigen beliebter als die des berühmten Geigenbauers Antonio Stradivari aus Cremona.
Postkarte, unbekannter Fotograf: Der Geigenbauer Johann Reiter aus Mittenwald in seiner Werkstatt, Mittenwald/Bayern um 1960

△ *Die fertig gestellten Geigen werden nach dem Lackieren im Freien zum Trocknen aufgehängt.*
Willy Römer: Geigenbauschule in Mittenwald, Mittenwald/Bayern 1925

»Nun aber bezieht sich doch die Qualität und die Schönheit und die richtige Beschaffenheit eines jeden Gerätes und Gegenstandes sowie Lebewesens auf nichts anderes als auf den Gebrauch, wozu eben ein jedes hergestellt oder von Natur aus hervorgebracht ist.« – »Notwendig also ist auch der Gebrauchende immer der Erfahrenste und er muss dem Herstellenden Bericht erstatten, wie sich das, was er gebraucht, gut oder schlecht zeigt im Gebrauch. Wie der Flötenspieler dem Flötenmacher Bescheid geben muss bezüglich der Flöten, welche ihm gute Dienste leisten beim Flöten, und ihm angeben muss, wie er sie machen soll, dieser aber muss Folge leisten.«

aus: Platon, *Politeia* (601c – 602a)

Flötenbauer Georg Müller, Mariendorf, Attilastraße 60

Willy Römer: Flötenbauer, Berlin 1930er Jahre

Drehorgelbauer beim Einsetzen der Stifte und Klammern in die vorgezeichnete Walze.

Die Familie Bacigalupo war von 1879 bis 1975 als Drehorgelbauer in Berlin tätig. Sie exportierte ihre Instrumente bis nach Amerika, war aber bekannt für die einfachen Drehorgeln mit acht Liedern, die von Bettlern in den Hinterhöfen Berlins bedient wurden. Zu den Besuchern der Drehorgelfabrik zählten angeblich auch Kurt Weill und Bert Brecht.

Willy Römer: In der Drehorgelfabrik Bacigalupo Söhne im Norden Berlins, Schönhauser Allee 74a, Berlin 1929

▷ *Aufzeichnen der neuen Musikstücke auf die Walze mit Zeichenapparat nach dem Notenblatt (Giovanni Bacigalupo).*

▽ *Beim Nachstimmen einer Drehorgel.*

◁ *Beim Schnitzen der Tannenbäume.*
Bereits seit dem 17. Jahrhundert ist das Schnitzen von Spielzeug in Grünhainichen im Erzgebirge Tradition. Durch die Gründung der Spielwarenfachschule arbeitete Ende des 19. Jahrhunderts fast jeder Bürger in Grünhainichen in diesem Gewerbe.

◁ ***Blick in die Werkstatt. Beim Schnitzeln und Leuchter bauen.***
Willy Römer: Staatliche Spielwarenfachschulen in Grünhainichen und Seiffen, Grünhainichen 1925

▷ ***Schüler und Fachlehrer in der Werkstatt.***

Kurt Gläser
Seiffen

Ein Holzschnitzer beim Fertigen eines röhrenden Hirsches – ein Motiv, das sich im 19. und 20. Jahrhundert auf Bildern, Gläsern oder Krawatten größter Beliebtheit erfreute.

Erich Andres: Holzschnitzer

▷ Küfer, Böttcher oder Fassbinder stellten Holzgefäße wie Fässer und Bottiche her, die oft von einem metallenen Ring zusammengehalten wurden und zur Aufbewahrung von Speisen und Getränken dienten. Hier die typischen Werkzeuge eines Böttchers
Roland Bauer: Werkstatt des Küfers Albert Fezer aus Haubersbronn, Haubersbronn/Württemberg um 1980

▽ Ein Küfer oder Böttcher beim Fertigen einer Daube, eines Holzstücks, das für den Fassrand verwendet wird.
Willy Römer: Böttcherlehrling an der Schneidebank, Berlin 1936
Reichsberufswettkampf der deutschen Jugend

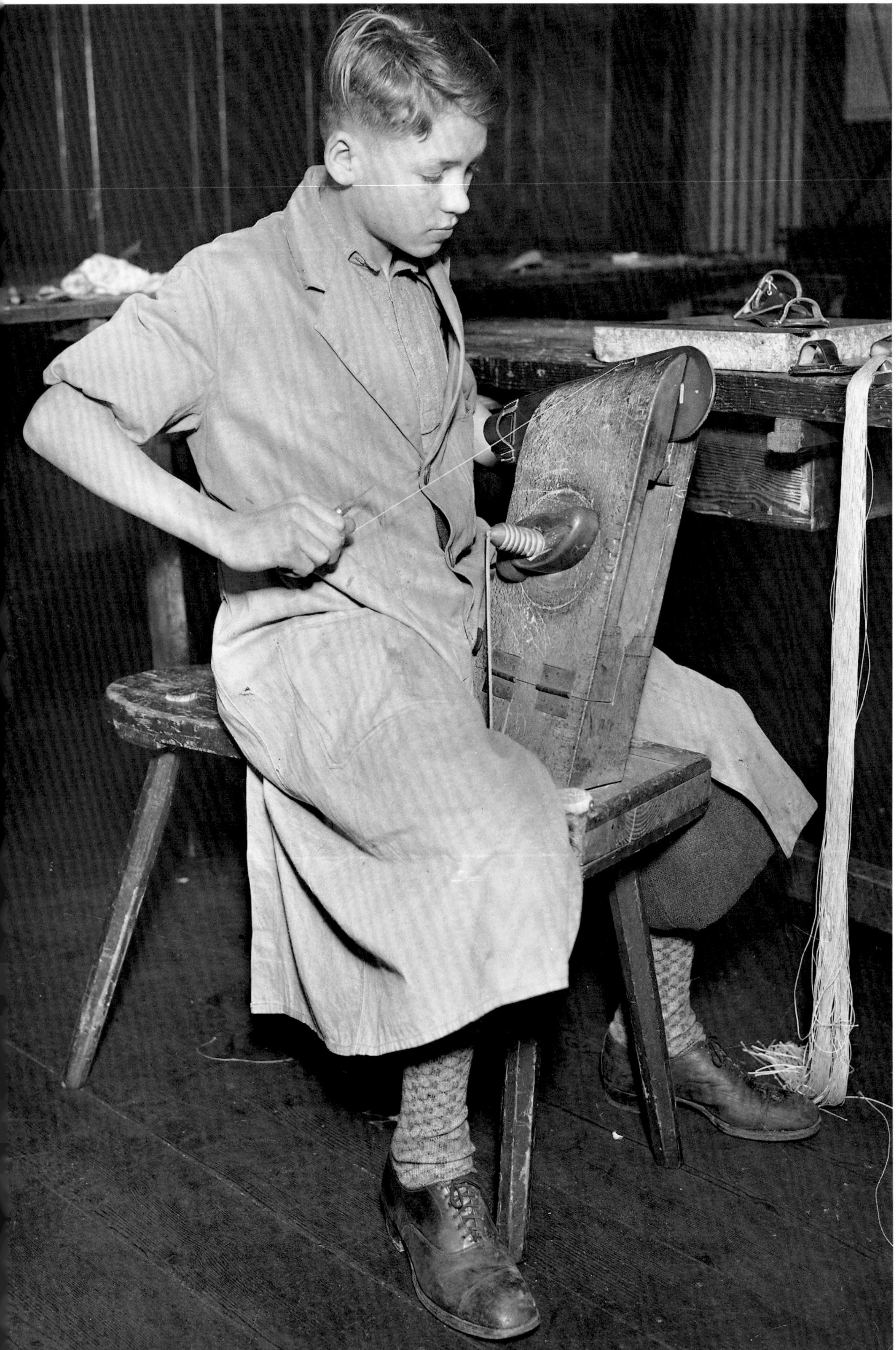

Sattler arbeiteten mit Stoff und Leder, aus dem sie Pferdegeschirre, Taschen und später auch die Ausstattung für Autos herstellten. Hier am Nähpferd wurde das Lederstück eingespannt, um es mit Ahle und Nadel zu bearbeiten.
Willy Römer: Sattlerlehrling am Nähpferd, Berlin 1936

Korkschneider oder Korkmacher spezialisierten sich auf die Fertigung von Korkpfropfen zum Verschließen von Flaschen. Der elastische, geruchlose und geschmacksneutrale Kork eignete sich dafür besser als jeder andere Werkstoff.
Willy Römer: Korkschneiderlehrling schneidet Korkstreifen zu Würfeln, Berlin 1937
Reichsberufswettkampf der deutschen Jugend

◁ Siebe werden aus Pferdehaar, Draht oder Holz gearbeitet, je nachdem wo sie zum Einsatz kommen. Der Siebmacher muss das Geflecht weben oder stricken und dann mit dem Holzrand verbinden.
Friedrich Seidenstücker: Siebmacher bei der Arbeit, 1930er Jahre

Zeitweise waren bis zu 400 Personen in den Berliner Kerzen-Fabriken des Franzosen Motard angestellt, der erstmals in Deutschland Stearin zur Kerzenherstellung verwendete. Wegen der damit verbundenen starken Geruchsbelästigung mussten die Werke von ihrem ersten Standort am Halleschen Tor an den Stadtrand nach Spandau umziehen.
Ernst Gränert: Bildserie Motard-Kerzenfabrik in Berlin-Spandau, Berlin 1928

▷ *Die Kerzen werden gleichmäßig beschnitten.*

△ Seit dem 17. Jahrhundert ist die Glasbläserei in Thüringen, vor allem in und um Lauscha, ansässig. Hier wurde u.a. der Christbaumschmuck erfunden.

Unbekannter Fotograf: Thüringer Glasbläser bei der Anfertigung von Christbaumschmuck, Thüringen 1935

▷ Hans Retzlaff: Schlesischer Glasbläser beim Ansetzen eines Henkels, Schlesien 1935

Der Achat, ein Quarzgestein, fand schon im antiken Ägypten als Schmuck- und Siegelstein Verwendung. Seit Beginn des 19. Jahrhunderts etablierte sich im rheinland-pfälzischen Idar-Oberstein die Achat-Industrie: Man färbte die Achate, fasste sie in Silber ein und fertigte Gefäße oder gravierte Medaillen daraus.
Achatschleifer auf dem Kürass.

Willy Römer: *Achat-Schleiferei, der Graveur beim Gemmenschneiden (Fa. Wild)*, Idar-Oberstein 1925

Die Achatschleifer liegen auf dem Kürass, einem trogförmig ausgehöhlten Holzgestell.
Willy Römer: Blick in die Achat-Schleiferei, Idar-Oberstein 1925

Goldschmiede müssen schmieden, löten, nieten, schweißen, gravieren und punzieren. Kraft und Augenmaß sind gleichermaßen gefragt.

Unbekannter Fotograf: Goldschmied beim Arbeiten vor einem Schaufenster, um 1950

◁ Im Unterschied zum Goldschmied formt der Silberschmied das harte Metall durch das sogenannte Treiben, bei dem er die Form aus dem Metall herausarbeitet. Silberne Teller und Becher waren lange Zeit an den Fürstenhöfen in Gebrauch: nicht nur wegen des Materialwertes, sondern auch wegen der antibakteriellen Wirkung des Edelmetalls.
Friedrich Seidenstücker: Silberschmied beim Treiben (Nachpolieren) eines Silbertellers, 1930er Jahre

▽ Ebenso wie der Silberschmied, bearbeitet auch der Kupferschmied oder Kesselmacher das Metall mit Hilfe von Treibhammer, Treibklotz und Treibfaust.
Er stellt Gefäße für den täglichen Gebrauch her, wie hier eine Schöpfkelle.
Willy Römer: Kupferschmiedelehrling, Berlin 1936
Reichsberufswettkampf der deutschen Jugend

◁ Je nach Nagelsorte erforderte ein Nagel zwischen 10 und 60 Schlägen. Ein guter Nagelschmied konnte bis zu 2000 Schuhnägel am Tag fertigen.
Willy Römer: *Berlins letzte Nagelschmiede. Der Meister am Amboss.* Berlin um 1930

△ Willy Römer: *Berlins letzte Nagelschmiede, Musterkarte im Gebälk des Blasebalgs*, Berlin 1925

Die Feilenhauer zählen zum Schmiedehandwerk, spalteten sich aber von diesem ab. Schon Leonardo da Vinci fertigte Skizzen an, um Feilen maschinell herzustellen, doch dauerte es bis zum Ende des 19. Jahrhunderts, bis diese Fabrikationsweise sich durchsetzte. Die Kerben auf der Feile werden mit einem Hammer hineingetrieben.

◁ Willy Römer: *Feilenhauer – ein altes ehrsames Handwerk. Richten der glühenden Feile vor dem Abkühlen im Härtebad.* Berlin 1931

▷△ *Feilenhauer am Hauamboss. Die zu hauenden Feilen lagen auf dem Haugesenk und wurden durch einen Riemen mit den Füßen gehalten.*

▷ *Vor dem Härten werden die Feilen mit Hornschmiere eingerieben, um sie vor Zunder zu schützen.*

Wagner oder Stellmacher fertigen Wagen und Fahrzeuge, wie Kutschen, Schlitten oder Schubkarren, aber auch landwirtschaftliche Geräte, wie Pflug, Rechen oder Heugabel an. Es erfordert viel Geschick, ein Rad herzustellen und so werden die Wagner auch gerne »die Mechaniker des Mittelalters« genannt.

Roland Bauer: Wagnermeister Wilhelm Henninger in der Werkstatt, Schorndorf/Württemberg 1980

△ Friedrich Seidenstücker: Wagenschmiede am Amboss, 1930er Jahre

▷ Willy Römer: *Ein Stellmacherlehrling bohrt eine Nabe in das Rad*, Berlin 1926
Zu Werbewoche des Handwerks

Former und Gießer stellen die Abgussformen her, in die das flüssige Metall eingefüllt wird. Gussformen werden zur Produktion von Glocken, Kunsthandwerksgegenständen, aber auch Maschinenteilen benötigt.
Die Reichsberufswettkämpfe fanden von 1934–1939 statt und wurden von der Deutschen Arbeitsfront, der Hitlerjugend sowie vom Nationalsozialistischen Deutschen Studentenbund initiiert. Die Kämpfe waren Wettbewerb und Leistungsschau.

◁ Willy Römer: *Former- und Gießerlehrling beim Guß*, Berlin 1936
Reichsberufswettkampf der deutschen Jugend

△ Friedrich Seidenstücker: Glockenguss: Der Mantel wird armiert, befestigt und weiter aufgetragen, 1920er Jahre

Die Bildgießerei Noack fertigte u.a. Skulpturen von Ernst Barlach, Georg Kolbe, Henry Moore oder Georg Baselitz an. Das Familienunternehmen, 1897 gegründet, arbeitet heute in vierter Generation am neuen Standort in Charlottenburg.
Die Rekonstruktion der im Krieg zerstörten Quadriga vom Brandenburger Tor wurde 1957 von West- und Ostberlin gemeinsam geplant und ausgeführt; ein Jahr später allerdings ließ die Ostberliner Stadtverwaltung die Quadriga heimlich abnehmen und Preußenadler und Eisernes Kreuz entfernen.

Hans Schaller: Die Arbeiten zur Wiederherstellung der Quadriga in der Bronzegießerei Hermann Noack, Berlin (West), Friedenau 1957
Unebenheiten und Schweißnähte am Teilstück vom Pferdekopf werden mit einer Schmirgelscheibe abgeschliffen und poliert.

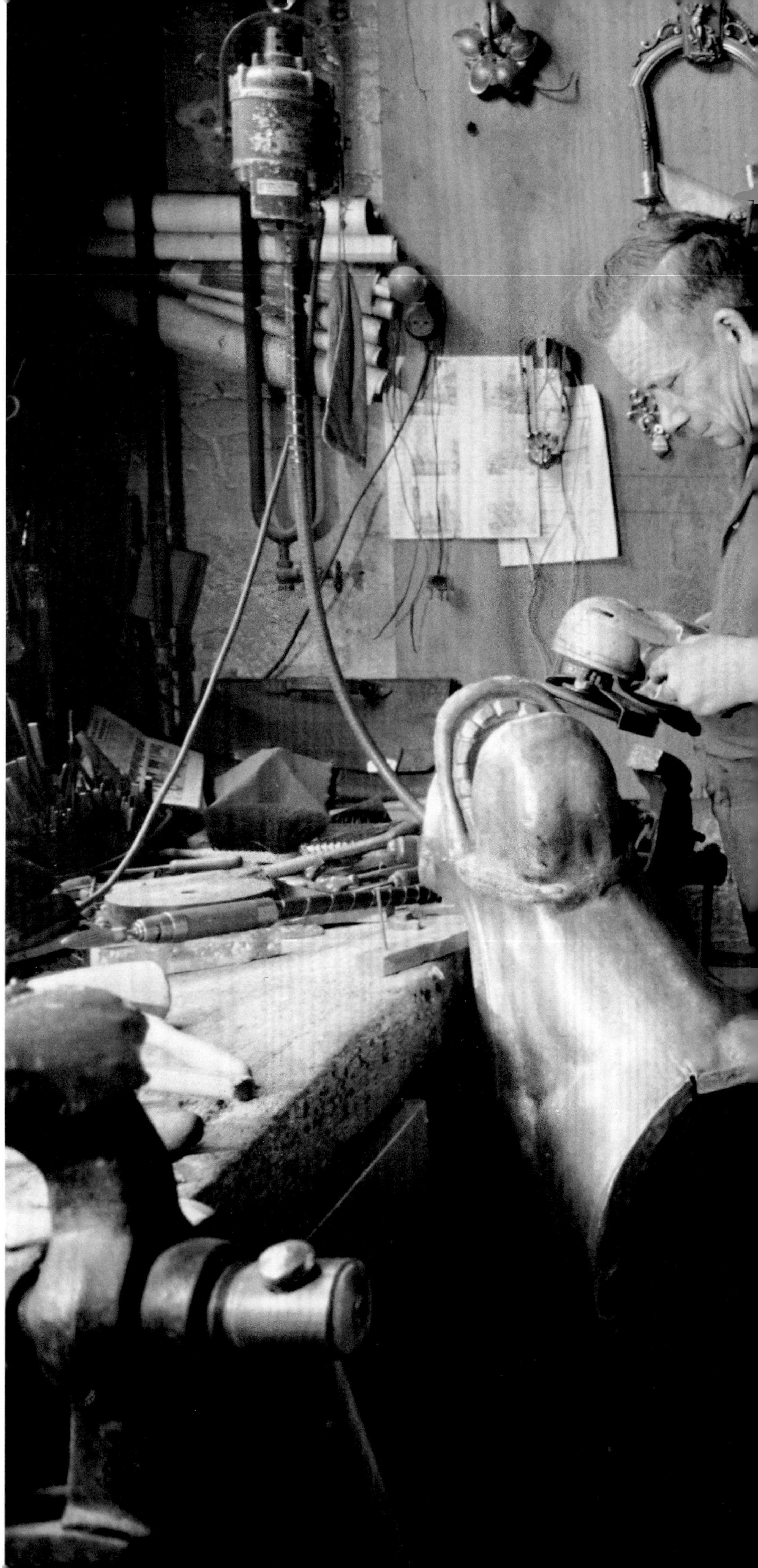

Schlosser fertigen Metallgegenstände, wie Treppengeländer, Scharniere, Tore, Türen und Zäune an.
Goethe schreibt in »Wilhelm Meisters Wanderjahre«: »Ich darf mich rühmen, schon als Knabe einen geschickten Schmied durch meine Anforderungen zum Schlosser, Feilenhauer und Uhrmacher gesteigert zu haben.«

Draußen auf der Straße hing am Hause der goldene Schlüssel, das Wahrzeichen der Schlosser. In der alten Werkstatt stand der alte Meister am Schraubstock bei der Arbeit.
Willy Römer: *Alt-Berlin. Alte Schlosserei in der Fischerstraße 24,* Berlin 1912

Heinrich Hinz: Bauschlosser bei der Arbeit am Gesellenstück, um 1933

Klempner oder Spengler: Das Wort Klempner stammt wahrscheinlich von klampfern oder klempern, also Blech hauen, sowie Klampen (mittelniederdeutsch) – »mittels Falztechnik fest verbinden« – ab. So gehört der Klempner zu den metallverarbeitenden Berufen und hat sich vor allem auf die Verarbeitung von Blechen spezialisiert.

Krauß: Klempner-Werkstatt – die Frau des Meisters am Klöppelkissen, um 1925

Von ca. 1850 an löste Berlin mit Firmen wie der von Ernst Schotte Nürnberg als Zentrum des deutschen Globenbaus ab. Der gelernte Buchhändler produzierte Erd- und Himmelsgloben, Tellurien, Planetarien und Reliefkarten für Schulen und »gebildete Haushalte« und um 1900 sogar einen Globus, der den Mars darstellte.

Fa. Schotte und Coin, Potsdamer Straße 110 in Berlin. Rechts [im Bild] *das Formen der Kugeln, links das Verleimen der Kugelhälften.*
Willy Römer: *Wie ein Schotte-Globus entsteht*, Berlin 1920er/1930er Jahre

Fa. Schotte und Coin, Potsdamer Straße 110 in Berlin.
Das Kolorit der Reliefgloben.

Das Sortiment eines Turmuhrbauers umfasst auch Uhren für Bahnhöfe, Schulen und Rathäuser, Schlösser, Fabriken und öffentliche wie private Gebäude. Wissen aus dem Schlosserei- und dem Uhrmacherhandwerk sowie der Architektur fließt hier zusammen.

Willy Römer: Turmuhrbauer mit Lehrling, Berlin 1932

Willy Römer: Herstellung einer Turmuhr, Berlin 1932

△ Das Uhrmacherhandwerk entwickelte sich aus dem Schlosser- und Schmiedehandwerk. Mitte des 16. Jahrhunderts begannen sich die Uhrmacher in einem Bund zu vereinigen. Uhrmacher werden auch die Pioniere der Feinmechanik genannt.
Lala Aufsberg: Uhrmacher-Hände, um 1937

▷ Der Schwarzwälder Uhrenfabrikant Junghans stellte zunächst nur Ersatzteile für Uhren her, begann aber in den 1870er Jahren mit der Umstellung auf ein Manufakturwesen nach amerikanischem Vorbild, das zeitweise mehr als 3000 Mitarbeiter beschäftigte.
Unbekannter Fotograf: Zusammensetzen von Taschenuhren bei der Firma Junghans, um 1925

Im Verlauf ihrer wechselvollen Geschichte hat die 1753 in Berlin gegründete und zehn Jahre später von Friedrich II. übernommene Königliche Porzellan-Manufaktur mehrfach den Namen und Besitzer gewechselt; seit 1988 firmiert sie wieder als KPM Königliche Porzellan-Manufaktur Berlin.
Der Porzellanmaler muss, um das »weiße Gold« zu bearbeiten, viel künstlerisches Geschick aufbringen.

Willy Römer: Porzellanmaler-Lehrling in der Staatlichen Porzellan-Manufaktur, Berlin 1937
Reichsberufswettkampf der deutschen Jugend

▷ *Das Kunstauge bekommt die endgültige Form.*
Der einstige Glasbläser Ludwig Müller-Uri aus Lauscha war spezialisiert auf Puppenaugen. In Kooperation mit dem Würzburger Augenarzt Heinrich Adelmann entwickelte er 1835 seine erste Augenprothese, verfeinerte seine Technik und gewann damit auf den Weltausstellungen der Zeit Medaillen. Heute noch erhalten mehrere hunderttausend Patienten weltweit künstliche Augen, die nach Müller-Uris Verfahren hergestellt werden.

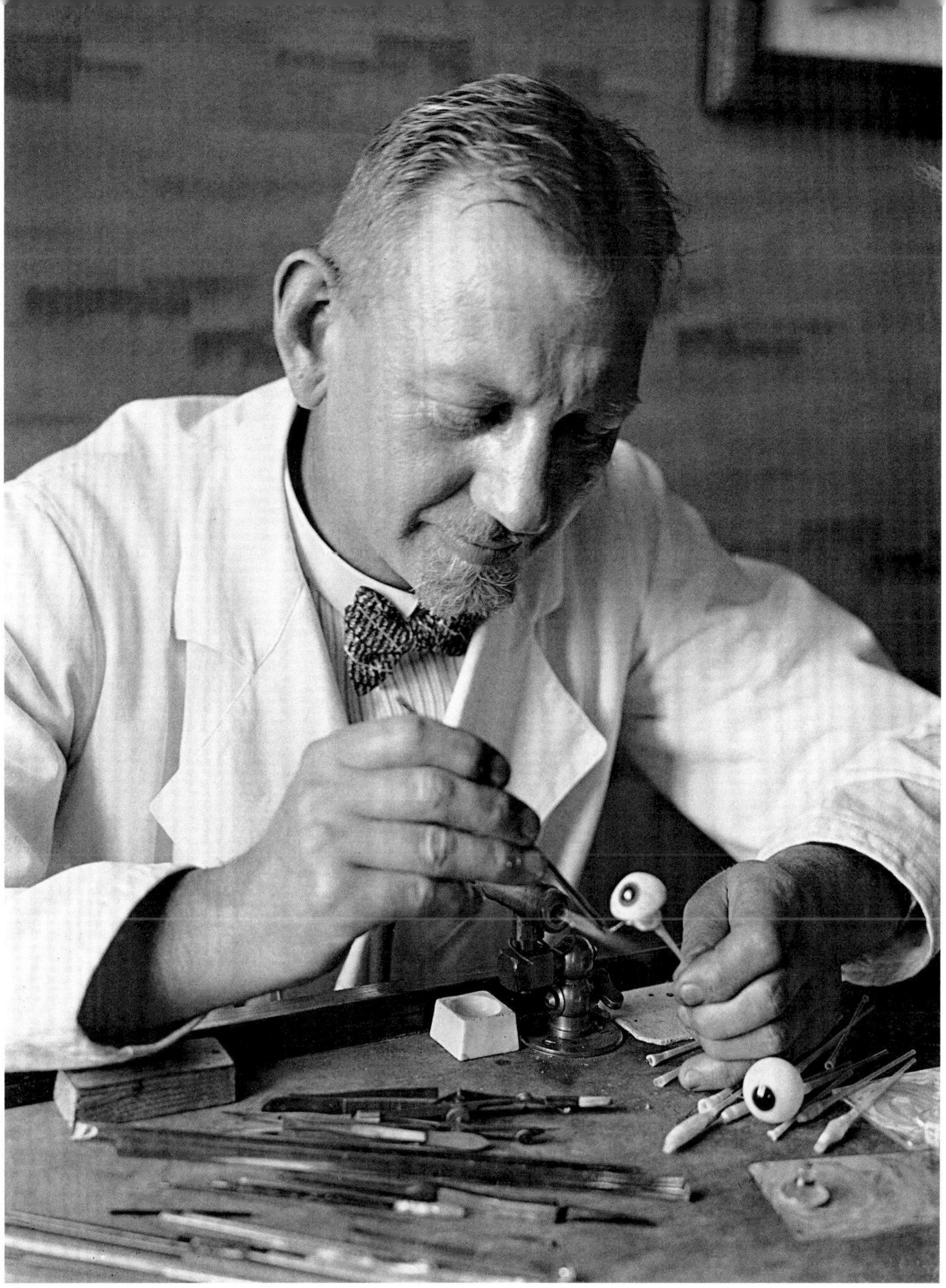

▷ *In der Werkstatt des Augenkünstlers. Der Patient begutachtet das eingesetzte Auge.*
Willy Römer: *100 Jahre künstliche Augen, Ludwig Müller-Uri, Anstalt für künstliche Augen,* Berlin 1935

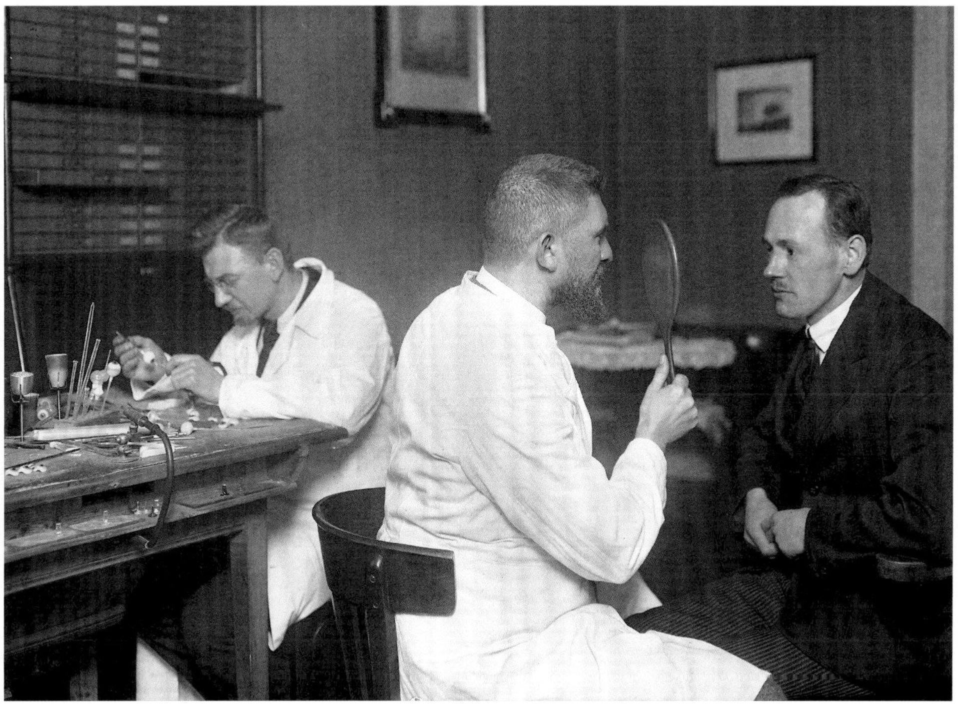

Die fertigen Automaten werden vor dem Verlassen der Fabrik geprüft, die Münzprüfer auf ihre Sicherheit mit Falschgeld ausprobiert.

Auch Film-, Briefpapier-, Universal-, Postkarten- oder Trinkbecherautomaten zählten zum Angebot der ADE-Automaten- und Schnellwaagen-Fabrik.

Willy Römer: *Der Werdegang der Automaten. ADE-Automaten- und Schnellwaagen-Fabrik, Berlin-Reinickendorf, Sommerstraße 15-25,* Berlin 1934

Zu den gängigen Büromaschinen zählten damals Schreib- und mechanische Rechenmaschinen.
Liselotte und Armin Orgel-Köhne: Reparaturwerkstatt für Büromaschinen bei der Union-Zeiss-Druckerei, Berlin (West) 1958

Seit dem 1. Weltkrieg waren auch Frauen im Fernmeldewesen erwünscht. Es erwies sich, dass ein weiblich-freundliches »Ich verbinde« bei den Kunden besser ankam, als eine im preußischen Militärton vermeldete Ansage.
Willy Römer: Telegrammaufnahme mittels Fernsprecher, Berlin 1925

Büropflanzen führten schon damals ein Hintergrunddasein.
Friedrich Seidenstücker: Zwei Bürodamen bei der Arbeit, Berlin 1928–1932

△ Diese Sekretärin erledigt alles gleichzeitig und sieht zudem schick aus.
Friedrich Seidenstücker: Sekretärin in der Wohnung des Fotografen Friedrich Seidenstücker (Bundesplatz 16 in Berlin-Wilmersdorf) bei ihrer Arbeit, Berlin 1950er Jahre

▷△ Deutsche Bank Frankfurt – eine Bankangestellte kontrolliert das Gewicht von Banknoten, um gefälschte Scheine zu entdecken.

▷ Deutsche Bank Frankfurt – in der Hauptkasse zählen Kassiererinnen Geld.
Abisag Tüllmann: Frankfurt am Main 1979

T&N begann 1899 als Vermietungsunternehmen von Telefonen in Frankfurt und entwickelte sich weiter zu einem internationalen Telekommunikationskonzern, der unter anderem alle deutschen Bahnhöfe mit Uhren und Eisenbahnzeit sowie die Postämter mit Telefonanlagen ausrüstete.

Abisag Tüllmann: Arbeiterin bei Telefonbau und Normalzeit (T&N), Frankfurt am Main 1969

Die Lithografie revolutionierte unser Verständnis von Bildern als Medien, indem sie diese massenhaft verfügbar machte. Lithografen zeichneten seitenverkehrt auf einen zuvor behandelten Stein und konnten so Bilder und Noten in großer Menge herstellen. Als Lithograf verdiente man verhältnismäßig gut.

Heinrich Hinz: Ein Lithograf beim Zeichnen auf den Stein, Flensburg um 1925

Knapp 1500 Zeichen konnte ein guter Setzer in der Stunde setzen und musste dabei immer dringlichst aufpassen, von den Bleibuchstaben keine Bleivergiftung zu bekommen.

Liselotte Purper (Orgel-Köhne): Schriftsetzer am Setzkasten, um 1940

◁ Herbert Kümmel:
Buchbinder bei der Arbeit, 1937

▷ Heute bezeichnet man die Entwickler von neuen Schriften als Schriftgestalter; in den 1930er Jahren war es noch ein Handwerksberuf, bei dem man Schaufenster mit Schrift gestaltete.
Friedrich Seidenstücker: Schriftgestalter beim Dekorieren eines Schaufensters, 1930er Jahre

A.G.
OUVEAUTÉS
ERBECK

Die Olympiade von 1936 galt als überaus gut organisiert, was sich in der Arbeit des Schildermalers widerspiegelt. Geradezu akribisch werden hier die Orte ausgeschildert.

Erich Andres: Ein Schildermaler bei seiner Arbeit. Winterolympiade Garmisch-Partenkirchen 1936

In den 30er Jahren des letzten Jahrhunderts war es noch üblich, Werbung direkt auf die Hauswände zu malen. Nicht selten überdauerten solche Schriften das Produkt, für das sie warben.
Willy Römer: Malerlehrlinge, Eberswalde 1936

◁ Unbekannter Fotograf: Maler beim Streichen von hohen Fenstern, um 1960

△ *Auch das Dekorieren, Anmachen von Gardinen und Vorhängen will gelernt sein.*
Willy Römer: Aus der Berliner Berufsschule für Tapezierer, Berlin 1920er Jahre

Liselotte und Armin Orgel-Köhne: Eine Dekorateurin bei der Arbeit in einem Schaufenster, Berlin (West) 1952

Das Schneiden von Filmen war zu diesem Zeitpunkt noch echte Handarbeit.
Liselotte und Armin Orgel-Köhne: Eine Cutterin bei der Arbeit, Berlin (West) 1952

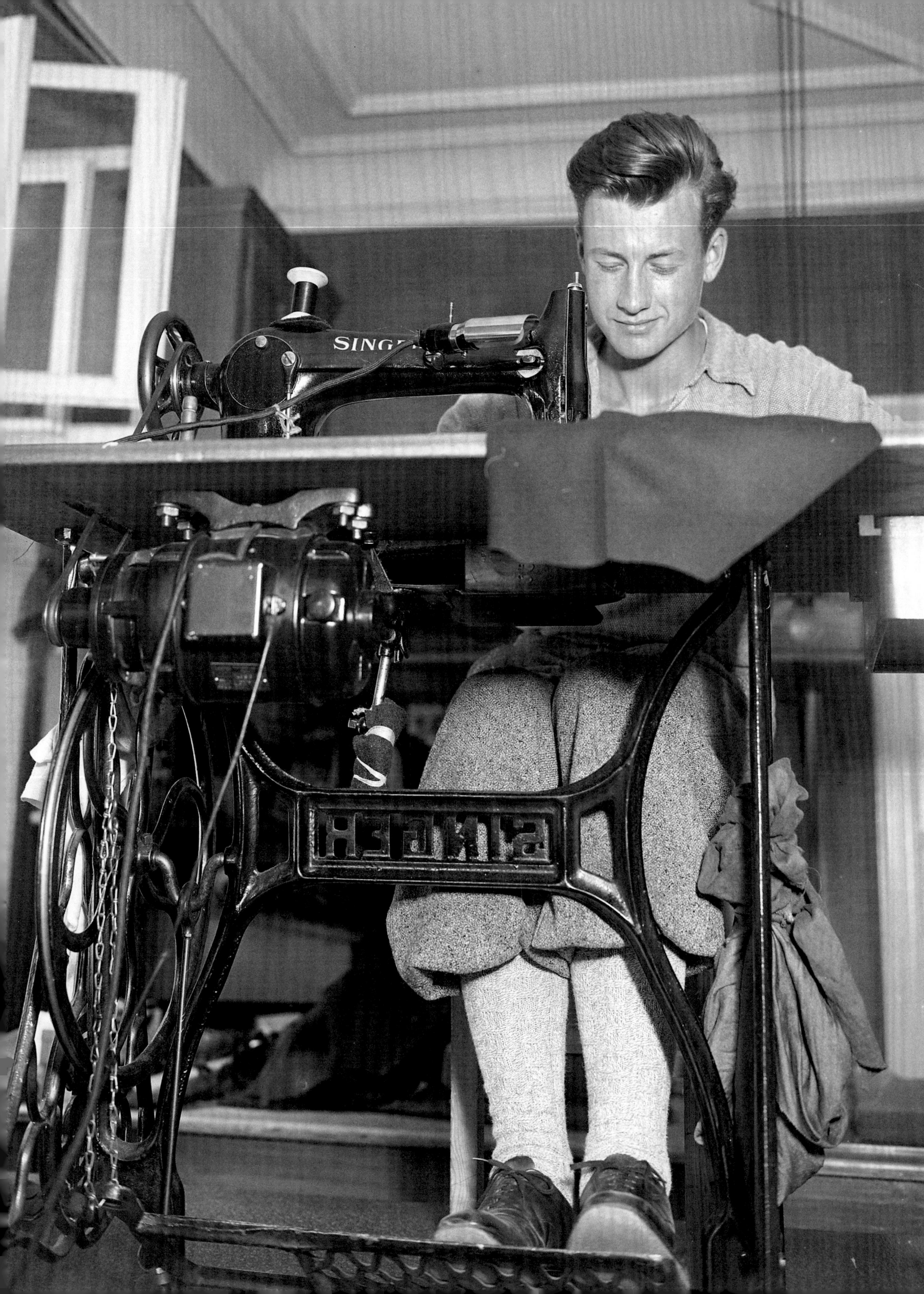

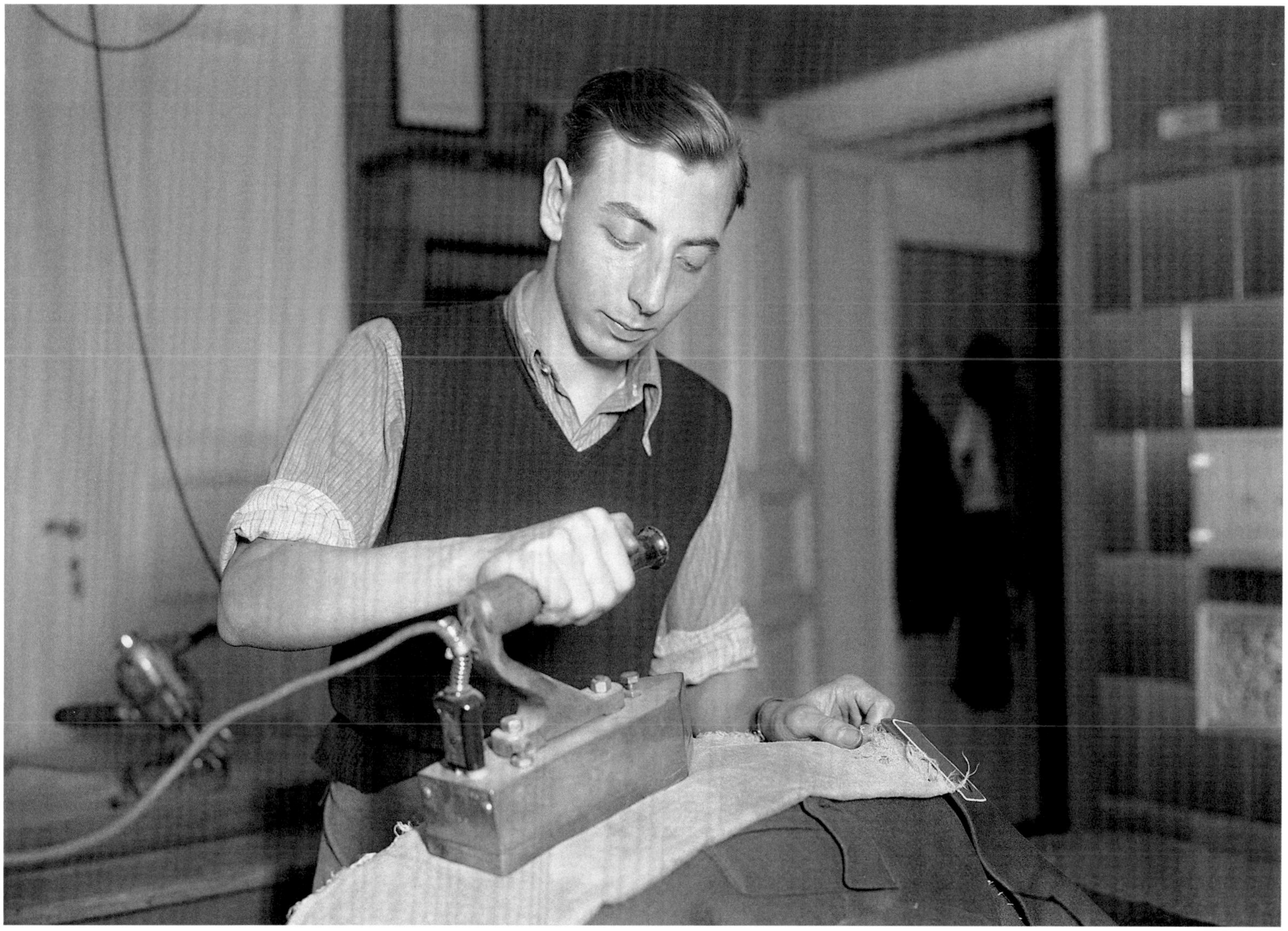

◁ *Schneider an der Nähmaschine (Singer) mit elektrischem Antrieb.*
Willy Römer: Schneiderwerkstatt, Berlin 1938

△ *Schneider mit elektrischem Bügeleisen.*
Willy Römer: Schneiderwerkstatt, Berlin 1936

Die Frauen auf den Bildern sind gut gekleidet und sehen wach und zufrieden aus – es ist wahrscheinlich nicht der Alltag in einer Textilmanufaktur, der hier fotografisch festgehalten wurde, sondern ein Beispiel für eine Werkstätten-Reformbewegung. Die Arbeiterin bäumt die Fäden von der Schärtrommel auf den Webstuhl um.

△ Willy Römer: Weberin am Schärrahmen, Aufnahmeort unbekannt, nach 1933

▷ Willy Römer: Weberinnen am Spinnrad, Aufnahmeort unbekannt, nach 1933

Glas!

Willy Römer: Weberinnen am Handwebstuhl, Aufnahmeort unbekannt, nach 1933

Seit der Biedermeierzeit gehören Schirme zur modischen Grundausstattung und werden nicht mehr von einzelnen Schirmmachern hergestellt, sondern in Manufakturen produziert.

Liselotte und Armin Orgel-Köhne: In einer Schirmfabrik: Arbeiterinnen mit verschiedenen Näharbeiten beschäftigt, Berlin (West) 1955

Zuschneiden der Stoffbespannung.

In Köpenick, von »weichem Wasser« umgeben, wurde das erste deutsche Wäschereidienstgewerbe gegründet – auf Pferdewagen karrte man die Wäsche aus Berlin heran. Um 1900 arbeiteten über 4000 Frauen in den Wäschereien.

◁ Willy Römer: Wäscherinnen in einer Handwäscherei in Köpenick, Berlin 1920er Jahre

▽ Einweichen der Wäsche
Horst E. Schulze: Genossenschaftswäscherei Köpenick reinigt die Wäsche von ca. 150 Betrieben, Berlin (Ost) 1951

Trocknen der Wäsche an der frischen Luft

Horst E. Schulze: Genossenschaftswäscherei Köpenick reinigt die Wäsche von ca. 150 Betrieben, Berlin (Ost) 1951

Räderwerk einer Mühle. Müller beim Einschütten des Getreides. Der Mehlstaub ist überall deutlich zu sehen.
Die alte Windmühle war noch auf einer Karte von 1924 verzeichnet. Von den 150 Berliner Mühlen um 1860 existieren heute noch ganze acht.
Willy Römer: *Märkische Bockwindmühle in Seegefeld bei Spandau,*
Berlin um 1900

Die Rollbahn für die Haube.
Die 1889 errichtete Adlermühle in Mariendorf (heute ein Teil des Bezirkes Tempelhof-Schöneberg) besteht bis heute. Der Mahlbetrieb wurde allerdings schon 1959 eingestellt. Sogenannte Holländerwindmühlen lösten seit dem 16. Jahrhundert auch in Deutschland die Bockwindmühlen ab. Während bei Bockwindmühlen das gesamte Mühlenhaus in den Wind gedreht wird, reicht es bei der Holländerwindmühle aus, nur die Haube, also den Dachaufsatz, dem Wind zuzuwenden.
Willy Römer: *Adlermühle (Adler Mühle) in Mariendorf bei Berlin*, Berlin 1931

◁ *Mit dem Seilaufzug wurden die Mehlsäcke auf den Dachboden gefördert, wo sie bis zur Verarbeitung des Mehls gelagert wurden. Ein Bäckerlehrling am Seilaufzug.*
Willy Römer: *Alt-Berlin. Älteste Bäckerei mit über 300 Jahren in der Stralauer Straße, Ecke Waisenstraße in Berlin*, Berlin 1907

△ Willy Römer: Konditorlehrling beim Dekorieren der Petit Fours, Berlin 1936
Reichsberufswettkampf der deutschen Jugend

Flaschen-Abfüllraum: rechts [im Bild] *bürstenlose Hochdruckreinigung,*
links automatisches Verschließen durch Kronkorken
Ernst Gränert: Landré-Breithaupt-Weißbier-Brauerei AG, Berlin 1930

Fass-Abfüllraum. Hier laufen gleichzeitig 14 Hähne, so dass 1000 Fässer in der Stunde gefüllt werden.

◁ Friedrich Seidenstücker: Beladen einer Bierkutsche mit Fässern, Berlin 1920er Jahre

▷ Willy Römer: Küferlehrling beim Etikettieren der Flaschen, Berlin 1938 Reichsberufswettkampf der deutschen Jugend

Unbekannter Fotograf: Enthäuten und Ausnehmen von Hammeln
im Berliner Zentral-Schlachthof am Prenzlauer Berg, Berlin 1897

△ Friedrich Seidenstücker: Hausschlachtung:
Das Schwein wird ausgenommen, 1930er Jahre

▷ Willy Römer: Metzger am Hackblock, Berlin 1933

Liköre, Wein, Wurstwaren, Kaffee, Konserven, unverpackte Nudeln, Marmeladen, Bonbons, kleine Spielereien und immer wieder Spezialitäten: Alles steht dicht gedrängt in den Regalen, jeder Zentimeter der Verkaufsfläche wird genutzt. Doch mindestens genauso wichtig wie das Sortiment ist der Kontakt zum Krämer selbst: Er berät und kennt Geschmack und Geldbeutel seiner Kunden.

Willy Römer: Kaufmannslehrling, Berlin 1930

Liköre Weiss+ Rotweine
Spezialität
KAFFEE HAG
KAFFEE HAG
Jedermann
hier entdeckt
Roggenbrot,
das ihm schmeckt
Asbach
Uralt
NESTLE
Seidel
CROSBIE'S
JAMS
MILCHMÄDCHEN
Quäker
Rapidflocken
Malaga
1.85
Pflaumen
70 s

Der geöffnete Berliner eines Zimmermanns mit dem Handwerkszeug, darunter der ausgebreitete Charlottenburger, das äußere Tuch des Berliners.
Die Walz oder Wanderschaft ist auch heute noch ein Bestandteil der Ausbildungszeit in vielen Handwerksberufen. Der ausgebildete Geselle sucht sich in der Welt Meister, in deren Lehre er tritt. Während der knapp drei Jahre, die er unterwegs ist, besitzt er nicht mehr als das, was er im sogenannten »Charlottenburger«-Tuch bei sich tragen kann.
Willy Römer: *Alter Zunftbrauch. Zimmermannsgeselle in schwarzer Ehrbarkeit auf Wanderschaft*, Berlin 1926

DRAUSSEN

△ *Vater Tresp versorgt als Schiffskrämer seit 40 Jahren Berlins Schiffer mit Nahrung und Kleidung.*
Damit die Schiffer keine Zeit mit Landgängen vergeuden mussten, belieferte Karl Tresp als Schiffskrämer direkt vom Wasser aus die Boote. In seinem Sortiment fand sich alles, was an Bord gebraucht wurde: frisches Brot, Wurstwaren, Schuhe und Pantoffeln.
Seine Waren platzierte Tresp so, dass sie von den höher gelegenen Booten aus gut sichtbar waren.
Walter Stiehr: Der schwimmende Händler Karl Tresp in seinem Laden, Berlin 1932

▷ *Hafenstadt Berlin, das Leben auf der Zille*
Im 19. und zu Beginn des 20. Jahrhunderts entstanden neue Schifffahrtskanäle in und um Berlin, dank derer Kaufleute nun direkte Verbindung in die Ostsee hatten. Aber auch zuvor dienten die Wasserstraßen als wichtige Transportwege in die Stadt, auf denen Baumüll, Schutt, Kohle und ähnliches transportiert wurde. Staken war neben Segeln und Treideln mit Menschen- oder Pferdekraft die Hauptfortbewegungsmethode der historischen Berliner Schiffer.
Walter Stier: Schiffer beim Staken auf der Spree, Oberbaumbrücke, Berlin 1931

Als Rollmops bezeichnete man die Lehrlinge im Paketdienst, die fest zum Straßenbild gehörten. Auf Pferdekarren fuhren sie alles Lieferbare durch die Stadt und brachten es dann, wie heute auch, mit einer Sackkarre direkt vor die Haustür.

Willy Römer: Bildserie *Der Rollmops, ein Lehrling im Roll- und Abfuhrgewerbe des Transportwesens*, Berlin 1926

Der Fotograf Friedrich Seidenstücker nahm eine ganze Serie mit diskutierenden Gepäckträgern an Berliner Bahnhöfen auf. Es muss ihm wohl aufgefallen sein, dass sich die Männer die Wartezeit auf Kundschaft mit Gesprächen verkürzten.

▽ Friedrich Seidenstücker: *Drei Dienstmänner (Gepäckträger) diskutieren während des Wartens auf Kundschaft am Potsdamer Bahnhof Berlin*, Berlin 1930er Jahre

▷ *Vier Dienstmänner (Gepäckträger) warten auf Kundschaft am Bahnhof Zoologischer Garten in Berlin.* Berlin 1932

KRAJ
ZIGARETTEN
KRAJ
ZIGARETTEN

◁ Viele Kriegsheimkehrer schlugen sich als Schuhputzer durch.
Jochen Moll: Berliner Schuhputzer warten auf Kundschaft, Berlin März 1949

△ *Stiefelputzer mit Messingschild und Nummer an der Mütze bei seiner Tätigkeit Unter den Linden vor dem Hotel Adlon*
Willy Römer: *Amtlich zugelassener Stiefelputzer*, Berlin 1920

△ *Der Scherenschleifer kündigt sein Kommen mit dem Ruf »Der Scherenschleifer ist da!« an.*
Willy Römer: *Scherenschleifer auf der Straße – bewundert von den Kindern*, Berlin 1904

▷ *Einkauf von Lumpen – alten Stiefeln – Knochen – Papier und Flaschen! Zum Wiegen der Lumpen hat er eine Handwaage dabei.*
Alles, was der Lumpensammler erhielt, wurde weiter verwertet oder recycelt. Die Lumpen zu Papier, Knochen zu Knochenleim, das Glas der Flaschen wurde wieder eingeschmolzen und altes Papier verwendete man zur Herstellung von neuem Papier. In der Spandauer Vorstadt entstand die größte Lumpenbörse Europas, in der Lumpen aller Art getauscht wurden.
Willy Römer: *Berliner Altwaren-Aufkäufer gibt auf einem Hinterhof seine Anwesenheit durch Ausrufen bekannt*, Berlin 1912

GUTE
Illustrirte Zeitung

△ Schon Billy Wilder besserte, bevor er als Regisseur berühmt wurde, sein Einkommen als Eintänzer auf, der einsame Damen zum Tanz aufforderte. Für Familien mit Töchtern galt es als beliebte Freizeitaktivität, ihren Sprösslingen so den gepflegten Umgang mit Herren zu ermöglichen.

Willy Römer: *Tanz im Dachgartencafé des Berolina-Hochhauses am Alexanderplatz*, Berlin 1932

◁ Willy Römer: Zeitungsverkäufer am Bahnhof Alexanderplatz, Berlin 1927

Frauen in typischen Männerberufen waren nach dem 2. Weltkrieg keine Seltenheit. Am Wiederaufbau des kriegszerstörten Berlins waren sie nicht nur als Trümmerfrauen, sondern auch als Maurerinnen beteiligt, hier in der Stalinallee, der heutigen Karl-Marx-Allee.
Max Ittenbach: Die Maurerin Edith Breier auf einer Baustelle in der Stalinallee, Berlin (Ost) 1952

Bei der Arbeit in der Belle-Alliance-Straße in Berlin.
Hier wird der heutige Mehringdamm asphaltiert. Hinter der »Straßenbau-Maschine« sieht man noch eine »Elektrische« vorbeiflitzen.
Willy Römer: *Eine neue Straßenbau-Maschine zur Herstellung von Betonstraßen.* Berlin 1926

Dammbau Sylt 1923–1927. Arbeiten an der vordersten Spitze des Damms, der Schienenstrang für die Feldbahn wird verlegt.
Vor dem Bau des Hindenburgdamms konnte eine Schiffsüberfahrt zum beliebten Seebad wegen der wechselnden Tiden bis zu sechs Stunden dauern. Der Damm diente zunächst nur der Eisenbahn.
Willy Römer: *Bau des Hindenburgdamms vom Festland Schleswig-Holsteins zur Insel Sylt*, um 1925

◁ Mit der Überschreitung zur Millionen Einwohner Grenze wurde auch das Müllproblem um 1875 akut und die Straßenreinigung in die Hände der Kommunalen Selbstverwaltung gelegt.
Zu Beginn des 20. Jahrhunderts führte der Berliner Polizeipräsident die einheitlichen viereckigen Müllkästen zur Sammlung der Hausabfälle ein und vereinfachte somit deren Abtransport.
Friedrich Seidenstücker: Zwei Müllmänner beim Abtransportieren einer Mülltonne, Berlin 1930er Jahre

▷ *Die Stadt Essen hat ein neues, von der Firma Krupp konstruiertes Müllauto in Betrieb genommen. Speziell angefertigte Müllkästen werden hinten am Auto entleert.*
Willy Römer: *Ein neues städtisches Müllauto*, Essen 1920er Jahre

◁ Die Gasriecher kontrollierten die Gasleitungen nach undichten Stellen. Sie bohrten entlang des Verlaufs kleine Löcher, in die sie Rohre steckten, durch die sie das austretende Gas riechen konnten. Gas an sich riecht nicht, wird aber von den Gaswerken zur Sicherheit der Verbraucher odoriert.
Friedrich Seidenstücker: Gasriecher, Überprüfen der Gasrohre unter dem Fußwegpflaster, Berlin 1920er Jahre

▽ Die Straßenarbeiter tragen alle Holzpantinen als Arbeitsschuhwerk.
Friedrich Seidenstücker: Kurze Pause der Straßenarbeiter, Berlin 1930er Jahre

▷ *Kohlenträger nach getaner Arbeit beim Waschen.*

Die sogenannten Kokskerls belieferten die Wohnungen mit Kohle. Bis zu 80 Kilogramm schleppten sie treppauf, manchmal bis zu fünf Stockwerke.
Friedrich Seidenstücker: Bildserie Kohlenträger, Berlin 1930er Jahre

◁ *Kohlenträger beim Transport von Koks.*

▽ *Kokskerls pausieren auf ihren Tragekörben.*

△ Ohne das Wissen, wie man Holz zu Kohle schwelen kann, wäre die Zivilisation nie so weit gekommen, denn nur durch die hohen Temperaturen, die durch das Verbrennen von Holzkohle möglich sind, kann Eisen aus Erz geschmolzen werden.
Roland Bauer: Der Köhler Eugen Jung im Nassachtal/Schurwald/ Württemberg 1989

▷ Der Holzfäller arbeitet traditionell eng zusammen mit den Flößern und Köhlern, die sein gefälltes Holz weitertransportieren und verarbeiten. Auf dem Foto ist er in seine stolze Tracht gekleidet, die er aber nicht alltäglich, sondern nur für den Fototermin trägt.
Erich Andres: Holzfäller, o.J.

△ Bei Bergarbeitern wird zwischen dem sauberen weißen und dem dreckigen schwarzen Bereich unterschieden. In der Kaue entkleidet sich der Bergarbeiter und geht nackt zum schwarzen Bereich, wo er seine Arbeitskleidung anzieht – nach getaner Arbeit duscht er zwischen den beiden Bereichen. So wird der Schmutz nicht nach Hause getragen.

Erich Andres: Ruhrgebiet, Bergarbeiter nach der Arbeit beim Rasieren, ca. 1950

◁ Liselotte und Armin Orgel-Köhne: Arbeiter in einem Steinbruch im Weserbergland, 1955

Zur Weinlese versammelte sich oft die ganze Familie. Mütter und Töchter, Tanten und Nichten tauschten sich beim Beerenlesen über Gott und die Welt aus. Den Transport der schweren Körbe übernahmen die Männer.
Otto Haeckel: Bei der Weinlese in Rüdesheim am Rhein, Rüdesheim 1911

Eine Vorgängerin der Trümmerfrau: Vor dem Einsatz von LKWs wurde Bauschutt hauptsächlich über die Flusswege abtransportiert.
Willy Römer: Eine Schifferfrau und ihre Tochter beim Verladen von Bauschutt, Berlin 1905

Erich Andres: Frauen in der Landwirtschaft, o.J.

△ *Den Namen Sachsengänger erhielten Saisonarbeiter aus Polen, die zum Rübenanbau in die Provinz Sachsen geholt wurden.*
Willy Römer: *Sachsengänger bei der Fahrt durch Berlin. Sie sind auf dem Weg zur Arbeit in der Landwirtschaft*, Berlin 1906

▷ Friedrich Seidenstücker: *Schwarz auf Weiß – Porträt eines Schornsteinfegers mit seinem Handwerkszeug*, 1930er Jahre

Im Hintergrund der Rathausturm, der Stadthausturm, rechts der spitze Turm, der grüne Hut, ist ein alter Gefängnisturm.
Willy Römer: *Schornsteinfeger bei ihrer Arbeit auf dem Dach des ältesten Teils des Berliner Schlosses*, Berlin 1934

△ *Die Arbeiten an der Dachrinne werden mit Hilfe der Bügelschutz- und Arbeitsrüstung Eililast ausgeführt.*
Walter Obschonka: *Schutz- und Arbeitsrüstung bei Dacharbeiten*, Berlin 1928

▷ *Montagearbeiten in schwindelnder Höhe am 284 Meter hohen Sendeturm.*
Willy Römer: *Rundfunk Berlin. Hauptfunkstelle der Reichspost in Königs Wusterhausen*, Berlin 1920

Berliner Pressefotografen auf dem Weg zur Arbeit, Berlin um 1914
2. von rechts Willy Römer, 3. Alfred Groß, 5. Walter Gircke

Fotografen

Erich Andres 1905 – 1992
zunächst Schriftsetzer, etablierte sich dann als Bildjournalist – das Wissen dazu erlernte er autodidaktisch. Wurde als »der Mann mit der Leiter« bekannt, weil er diese Perspektive für sich entdeckte. Fotografierte viel im südlichen Europa, u.a. auch den Spanischen Bürgerkrieg auf faschistischer Seite. Später dokumentierte er die Schrecken des Krieges in der Propagandakompanie der Deutschen Luftwaffe. Nach 1945 freier Fotograf in Hamburg, u.a. für die Zeitschrift »Der Spiegel, mit Schwerpunkt Alltag und Arbeitswelt«.

Lala Aufsberg 1907 – 1976
fasziniert von der Fotografie, arbeitete sie zunächst als Fotohändlerin, legte später ihre Meisterprüfung im Fotografie-Handwerk in Weimar ab und eröffnete 1938 ihr eigenes Fotoatelier in Sonthofen. Sie spezialisierte sich auf künstlerische und dokumentarische Fotografie, vor allem auf Architektur (auch über Europa hinaus) und die Dokumentation von Kunstwerken, aber auch Porträts und Nacktstudien.

Roland Bauer geboren 1950
Mit seinem Kultbuch »Bäuerliche Lebensformen sterben mit den alten Leuten«, das einfühlsam den Alltag eines Bauernehepaars in Hohenlohe porträtiert, begann die fotografische Karriere von Roland Bauer. Seither spezialisiert er sich auf dokumentarische Fotografie, mit dem Schwerpunkt ländliches und bäuerliches Leben sowie altes Handwerk.

Ernst Gränert Lebensdaten unbekannt
Pressefotograf, arbeitete für Willy Römers Photothek

Otto Haeckel 1872 – 1945
zu Beginn des 20. Jahrhunderts einer der bekanntesten Pressefotografen Berlins, gründete mit seinem Bruder Georg um 1908 eine »Presse-Illustrationsfirma«, die u.a. für den kaiserlichen Hof tätig war. Die Fotografen spezialisierten sich auf Aufnahmen mit kurzer Verschlusszeit und konnten so schnelle Bewegungsabläufe festhalten. Nach 1918 arbeiteten die Brüder getrennt. Der Nachlass umfasst mehr als 20.000 Bilder zu Zeitgeschichte, Alltags- und Großstadtleben. Der größte Teil der Negative wurde im 2. Weltkrieg vernichtet.

Heinrich Hinz Lebensdaten unbekannt
betrieb ein Fotostudio in Flensburg.

Max Ittenbach 1903 – 1986
war vor 1945 für die Reichsbahn tätig, nach 1945 als Bildjournalist in der DDR; Alltags-, Städte- und Landschaftsaufnahmen für diverse Zeitschriften und Zeitungen.

Krauß Vorname und Lebensdaten unbekannt

Herbert Kümmel Lebensdaten unbekannt

Jochen Moll 1928 – 2012
Pressefotograf in der DDR, zeitweise selbstständig, zeitweise angestellt. 1948-55 u.a. für die Zeitung »Neues Deutschland« tätig, 1954-59 für die »Wochenpost«, 1959-87 für die »Neue Berliner Illustrierte« (NBI). Der umfangreiche Nachlass seiner Fotografien mit Motiven aus aller Welt befindet sich im bpk.

Walter Obschonka 1904 – 1941
Pressefotograf, arbeitete für Willy Römers Photothek.

Liselotte Purper (Orgel-Köhne) 1912 – 2012
Armin Köhne geboren 1920
Liselotte Purper war einer der ersten weiblichen »Bildberichterstatter«. Nach ihrem Studium der Fotografie beim Lette-Verein in Berlin, begann sie für die Presse- und Propagandaabteilung der »Reichsfrauenführung«, die NS-Volkswohlfahrt und den Reichsarbeitsdienst Frauenalltag im Nationalsozialismus zu dokumentieren. Nach 1945 machte sie sich, zusammen mit ihrem zweiten Mann Armin Köhne, in Berlin (West) selbstständig mit dem Schwerpunkt auf Architekturfotografie.

Hans Retzlaff 1902 – 1965
war ab 1924 in Berlin selbständig tätig, nach 1945 in Hessen als Spezialist für Trachtenbilder und Heimatfotografie.

Die Autorin

Willy Römer 1887 – 1979
aufgewachsen als Sohn einer Schneiderfamilie in Berlin, lernte er ab 1903 das Fotografenhandwerk bei der ersten deutschen Pressefotografie-Agentur »von der Pieke auf«. Nach dreieinhalb Jahren Aufenthalt in Paris und Teilnahme am 1. Weltkrieg als Infanterist in Polen, Russland und Flandern, wurde er zum Chronisten der Novemberrevolution und übernahm 1918 in Berlin die Bildagentur Photothek. Sein Blick auf den Alltag der rasch wachsenden Metropole war durch seine Auslandsaufenthalte geschärft worden. Römers Nachlass umfasst 70.000 Fotos und 50.000 Glasnegative, die sich im Museum für Fotografie - Staatliche Museen zu Berlin befinden.

Hans Schaller Lebensdaten unbekannt
als Pressefotograf in den 1930er bis -60er Jahren in Berlin aktiv.

Horst E. Schulze 1925 – 1971
Pressefotograf in der DDR mit dem Schwerpunkt zeitgeschichtliche Themen, arbeitete u.a. für die »Neue Berliner Illustrierte« (NBI).

Friedrich Seidenstücker 1882 – 1996
gilt als der »Flaneur« unter den Fotografen, weil er fotografierte, wozu er Lust hatte: Alltagsleben in Berlin, Motive aus dem Zoo, Landschaften und Akte. Seine Ausbildung war nicht klassisch, nach einem Maschinenbaustudium studierte er Bildhauerei und beschäftigte sich zunehmend mit Fotografie. Er war zeitweise fester Mitarbeiter des Ullstein Verlages und arbeitete für verschiedene Illustrierte.

Walter Stiehr 1900 – 1968
arbeitete als Pressefotograf, u.a. für Willy Römers Photothek.

Abisag Tüllmann 1935 – 1996
Tischlereipraktikum, Studium der Innenarchitektur und schließlich Ausbildung zur Werbefotografin. Tüllmann arbeitete als freie Bildjournalistin für Zeitschriften wie »Der Spiegel« und »Die Zeit« ebenso wie für die Agentur Magnum. Sie setzte ihre fotografischen Schwerpunkte auf Themen wie Stadtleben, Außenseiter der Gesellschaft, Kunst und Kultur, Befreiungs- und Bürgerrechtsbewegungen in Afrika; seit 1964 auch als Theaterfotografin tätig.

Michaela Vieser studierte Japanologie und ostasiatische Kunstgeschichte an der SOAS in London, forschte, lebte und arbeitete daraufhin über sechs Jahre in Japan. Ihr Buch »Tee mit Buddha« erzählt von ihren Begegnungen dort, u.a. auch mit einem *Ningen Kokuhō*, einem lebenden Nationalschatz, einer Person also, die altes Kunsthandwerk weiterhin ausführt und so das Wissen darum bewahrt. Seit 2003 lebt sie in Berlin als freie Autorin und Publizistin: sie schreibt unter anderem für das Deutschlandradio, NZZ, TAZ, den Tagesspiegel, Spiegel online. Ihre Kolumne »Übersehenes Deutschland« erschien über eineinhalb Jahre lang in der Financial Times Deutschland. Ihr Wirtschaftsbestseller »Von Kaffeeriechern, Abtrittanbietern und Fischbeinreißern – Berufe aus vergangenen Zeiten« führte sie schon einmal in die Welt der Arbeit. Von dort war es nur ein kleiner, aber erquickender Sprung in die Archive des bpk, in die sie mehrere Monate lang eintauchte, um die Fotografien und Begebenheiten für dieses Buch ans Tageslicht zu heben.

Bildnachweis

Alle Aufnahmen stammen von
© bpk-Bildagentur –
Erich Andres: S. 34; 86; 141; 143; 147
Lala Aufsberg: S. 70
Roland Bauer: Umschlagvorderseite, Abb. rechts; S. 10-11; 16; 17, 18; 19; 24; 25 unten, 35 oben;
Ernst Gränert: S. 14; 15; 39, 108; 109
Otto Haeckel: S. 144-145
Heinrich Hinz: Umschlagvorderseite, Bildleiste Mitte; Frontispiz; S. 8; 63; 82
Hanns Hubmann: Umschlagvorderseite, Bildleiste oben
Max Ittenbach: S. 130
Krauß: S. 64-65
Herbert Kümmel: S. 84
Jochen Moll: S. 124
Walter Obschonka: S. 152
Lieselotte und Armin Orgel-Köhne: S. 75; 90; 91; 98; 99; 142
Liselotte Purper: S. 12; 83
Hans Retzlaff: S. 41
Willy Römer: S. 13; 21; 22; 23; 25 oben; 28; 29; 30; 31; 32; 33; 35 unten; 36; 37; 42; 43; 44-45; 49; 50; 51; 52; 53; 57; 58; 62; 66; 67; 68; 69; 72; 73; 74; 76; 87; 89; 92; 93; 94; 95; 96-97; 100; 104, 105, 106, 107; 111; 113 unten; 114; 115; 116-117; 120; 121; 125; 126; 127; 128; 129, 131; 132-133; 135; 146; 148; 150-151; 153
Hans Schaller: S. 60-61
Horst E. Schulze: S. 101; 102-103
Friedrich Seidenstücker: S. 20; 38; 48; 56; 59; 77; 78; 85, 110; 113 oben; 122; 123; 134; 136; 137; 138; 139; 149
Walter Stiehr: S. 118; 119
Abisag Tüllmann: S. 79; 80-81
unbekannte Fotografen: S. 26-27; 40; 46-47; 71; 88; 112
S. 7: bpk-Bildagentur
Umschlagvorderseite, Bildleiste unten; S. 154-155: bpk / Kunstbibliothek, SMB, Photothek Willy Römer
mit Ausnahme von: S. 6: Universitätsbibliothek Braunschweig

Editorische Notiz:
Bei den Aufnahmen handelt es sich um historisches Bildmaterial, das zum Teil sichtbare Alterungserscheinungen und Gebrauchsspuren trägt. Das Bildmaterial wurde im Originalzustand belassen.

Zu einigen Bildern gibt es originale Bildunterschriften der Fotografen, diese wurden im Text kursiv gesetzt.

Die Edition Braus ist eine Marke der Aufbau Verlag GmbH & Co. KG

www.editionbraus.de

Projektleitung Verlag: Jochen Stamm
Lektorat: Frauke Berchtig, Berlin
Grafische Gestaltung: Dorén + Köster, P. N. Dorén Grafikdesign Berlin
Reproduktionen: Bild1Druck, Berlin
Druck und Bindung: Neografia, a.s., Slowakei

ISBN 978-3-86228-223-4

Auf dem Umschlag
Vorderseite: Bildleiste links von oben nach unten:

Hanns Hubmann: Geigenbauer Reiter bei der Arbeit (Detail),
Mittenwald 1935

Heinrich Hinz: Ein Schriftsetzer an der Setzmaschine (Detail),
Flensburg um 1922

Willy Römer: *Schüler beim Schnitzen der Tierfiguren*,
Staatliche Spielwarenfachschulen in Grünhainichen und Seiffen (Detail),
Grünhainichen/Seiffen 1925

Abbildung Mitte:
Roland Bauer: Wagnermeister Ludwig Erb in der Werkstatt beim Herstellen
eines Wagenrades (Detail), Mäusdorf b. Künzelsau/Hohenlohe 1980

Frontispiz: Heinrich Hinz: Grobschmiede bearbeiten eine Wagenradbereifung,
Flensburg 1922